- albus
- alba
- album

∂ cm.2019

Carole Ecoffet et Marc Thébault

Graphisme : Yunpei Yan
Textes : Marc Thébault
Crédits photographiques : Carole Ecoffet, Marc Thébault

ISBN : 978-1-912111-51-0

•

composé

1. mat // 2. albus // 3. matière // 4. monochrome // 5. craie // 6. diffusion // 7. fond

•••

recomposé

1. brillant // 2. candidus // 3. couleur // 4. trichrome // 5. écran // 6. émission // 7. forme

•••••

décomposé

1. irisé // 2. lux // 3. lumière // 4. spectral // 5. onde // 6. dispersion // 7. espace

blancs   ineffables   face à face   ineffaçables

« S'il fallait remplir peu à peu l'espace qu'il y a
entre le jour et la nuit, on y dépenserait une éternité.
Mais le soleil se lève, et les ombres sont dispersées :
un moment suffit à combler un espace infini. »

Rabindranath Tagore
La maison et le monde, 1921, édition française,
Petite bibliothèque Payot, 1991.

La maison était blanche, ouvrière, de faible encombrement.

H'il en referma la porte d'entrée.

Ses pas levés dans le vent étaient lents.

Dans le ciel circulaient des nuages lourds, chantant gris.

Il voulait rejoindre la sente littorale, puis l'arbre de marbre.

Au bout de la terrasse, une girouette agitait sa frêle silhouette.

L'éclat du métal lui masqua l'horizon.

Traqueur de matières, nombre d'adjectifs s'étaient glissés entre
les pages de ses carnets.

L'événement en avait effacé l'emploi et le sens.

H'il devait se souvenir des seuls... mots de passe en proche

• 1.

albus

Rayonnaient alentour des paysages découverts qui menaient à la mer.
À la croisée des bois peints, s'étendait une forêt nue et à genou.
H'il accéléra sa marche, dépassa le pont de givre qui franchissait
un ria au nom perdu. Albus flottait dans son habit d'hiver.
Les blancs jadis précieux, ceux des cristaux de neige, des porcelaines
ou des ivoires, avaient favorisé l'entrechoquement des récits qui en
faisaient l'éloge. Désormais, une grande précision s'imposait dans
la description de leurs tonalités, à la limite du perceptible.

L'événement avait eu raison de la couleur.

• 2.

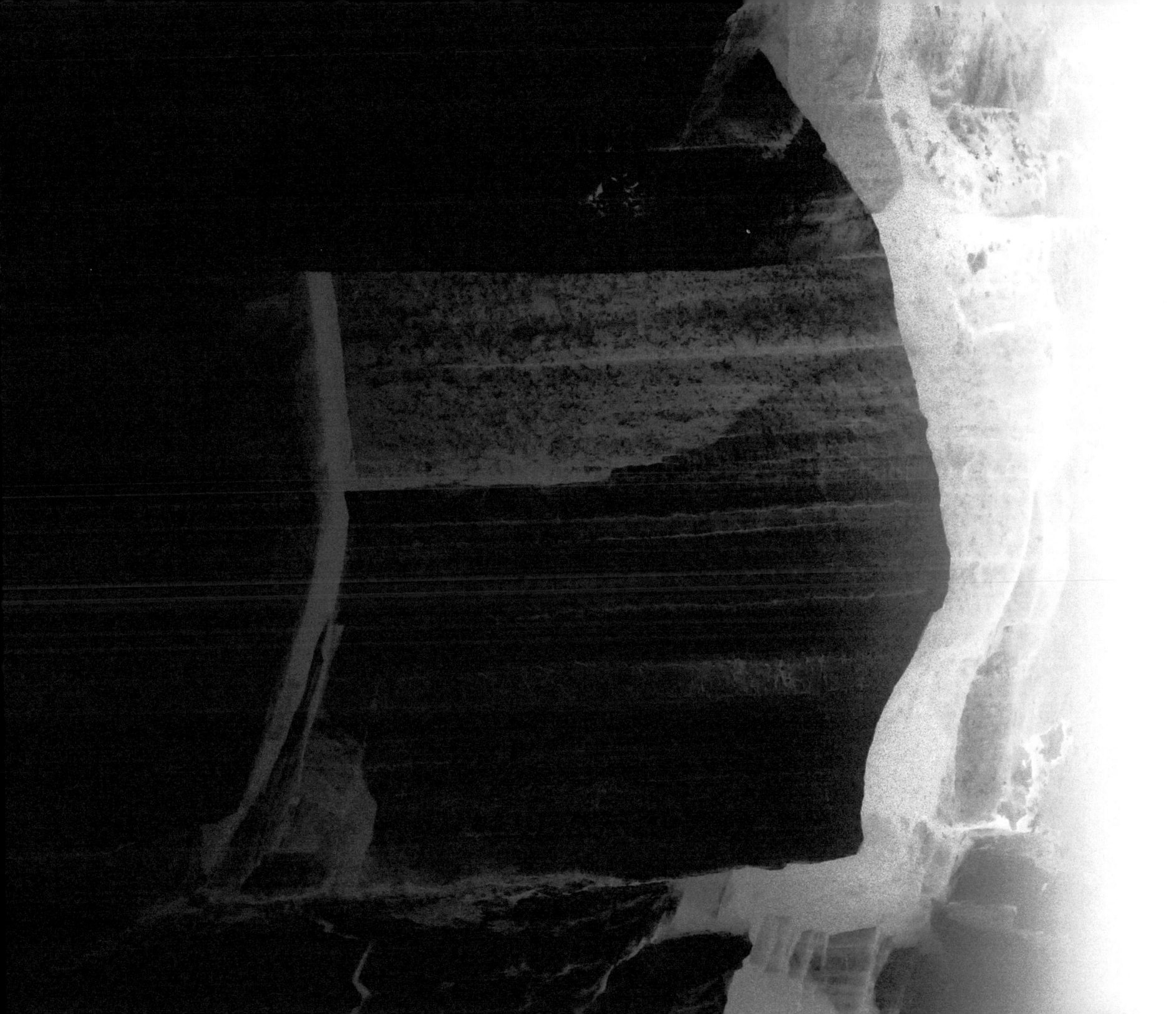

matière

Un halo de brume endormait les façades et autant d'imaginaires.
Leur matité faisait écho à toutes les autres matières déposées
le long des bords de quai, qui défilaient comme autant de blancs
de départ, de pas en arrière, en traits d'union.
H'il se prit à rêver de contours à vif, de flaques de lumière,
d'entrelacs cuivrés.
Il se souvint des promenades au parc, des bruits bleus de la source,
d'une voix limpide qui disait « regarde »...
L'arbre l'attendait.
Il en aimait ses racines saillantes, miroir immobile de ses branches.

● 3.

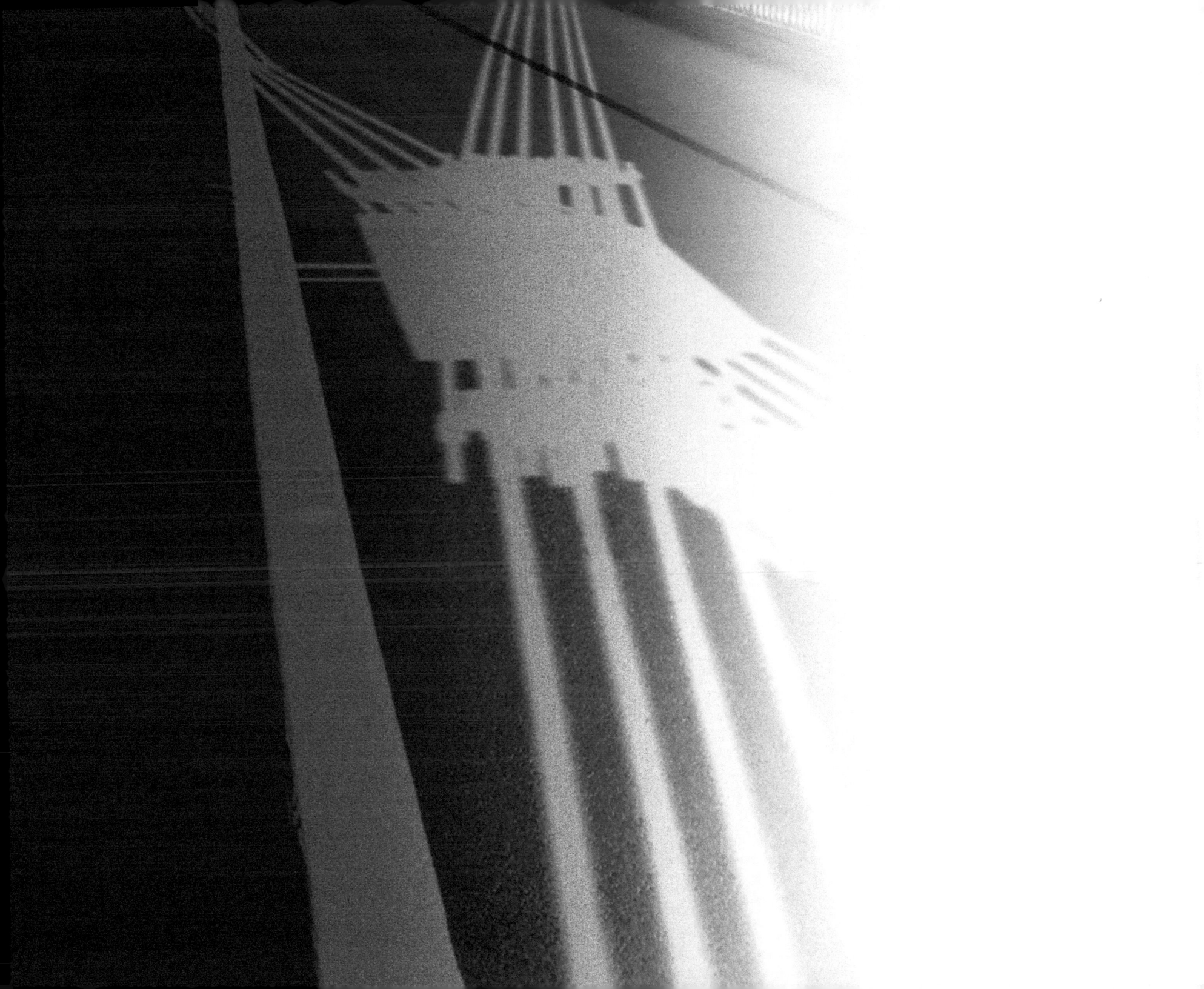

diffusion

H'il ouvrit son carnet, chromolux plastifié et bristol lisse.
Au toucher, il était ainsi facile de le distinguer de ses
autres albums. Les pages étaient zébrées de lignes de peinture
formant un camaïeu laiteux.
Il était devenu inutile de rendre compte des paysages ou
d'autres études de genre. Aussi s'était-il attaché à la qualité
des épaisseurs de chaque trait, entre lesquels on pouvait lire :
par le nombre de ses ombres, l'ornement pas.

Mais comment maintenir à fleur l'éclat des arêtes ?
Celles qui courent le long des lignes frontières.

• 4.

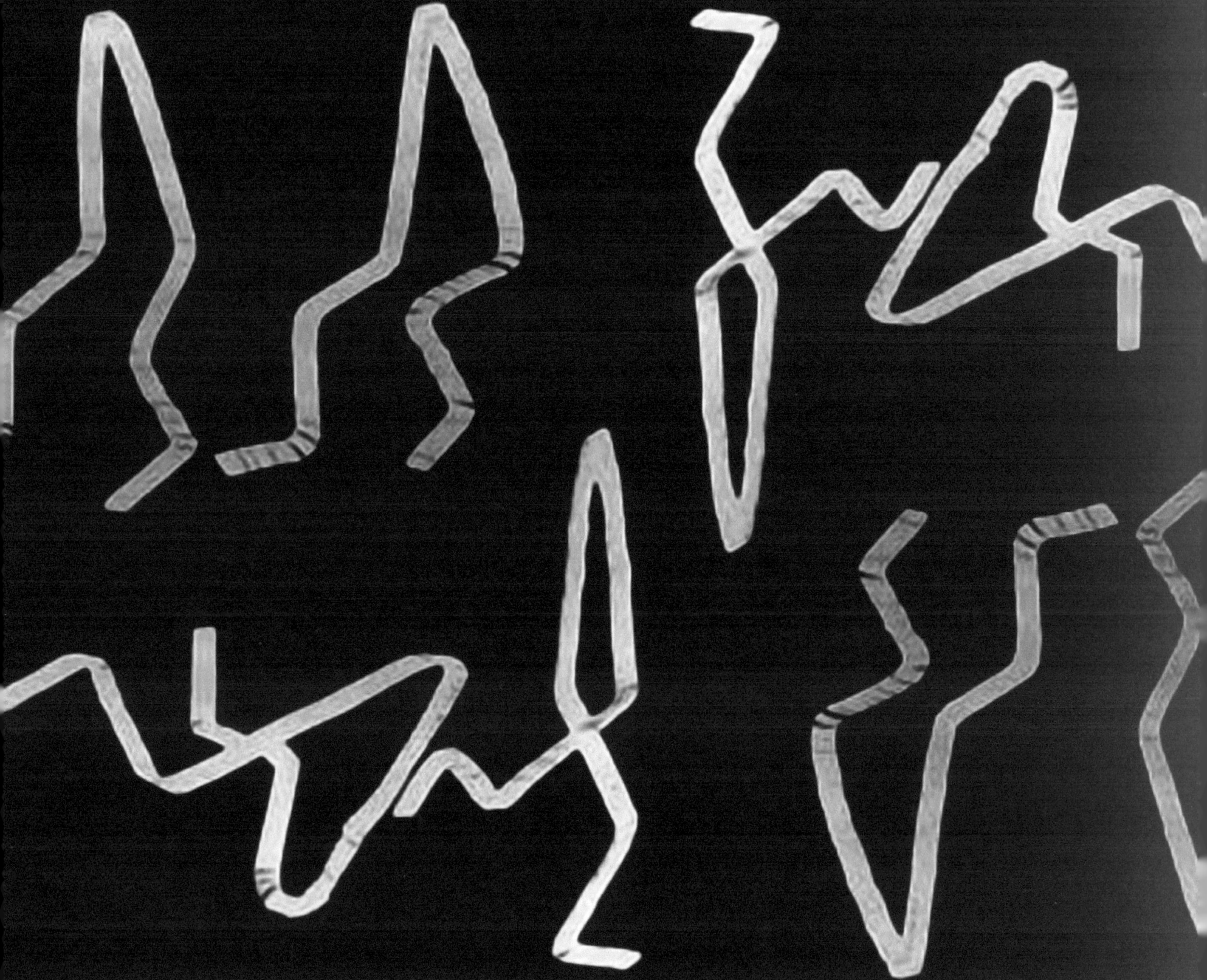

craie

Au fond des yeux, le plein du ciel et la peine de ceux
qui ne le voient plus. Nous, mais, midi, l'intérieur peine
à re-plomber les paroles fendues.
H'il courait de marche en marche, sautait de dalle en dalle,
toutes de craie reconstituées.
Ses mouvements oculaires dessinaient d'étranges figures.
Il cherchait ainsi à briser les courbes des motifs,
à raviver la sensibilité de ses capteurs, mais en vain.

Au fond des yeux, les bâtonnets riaient.

● 5.

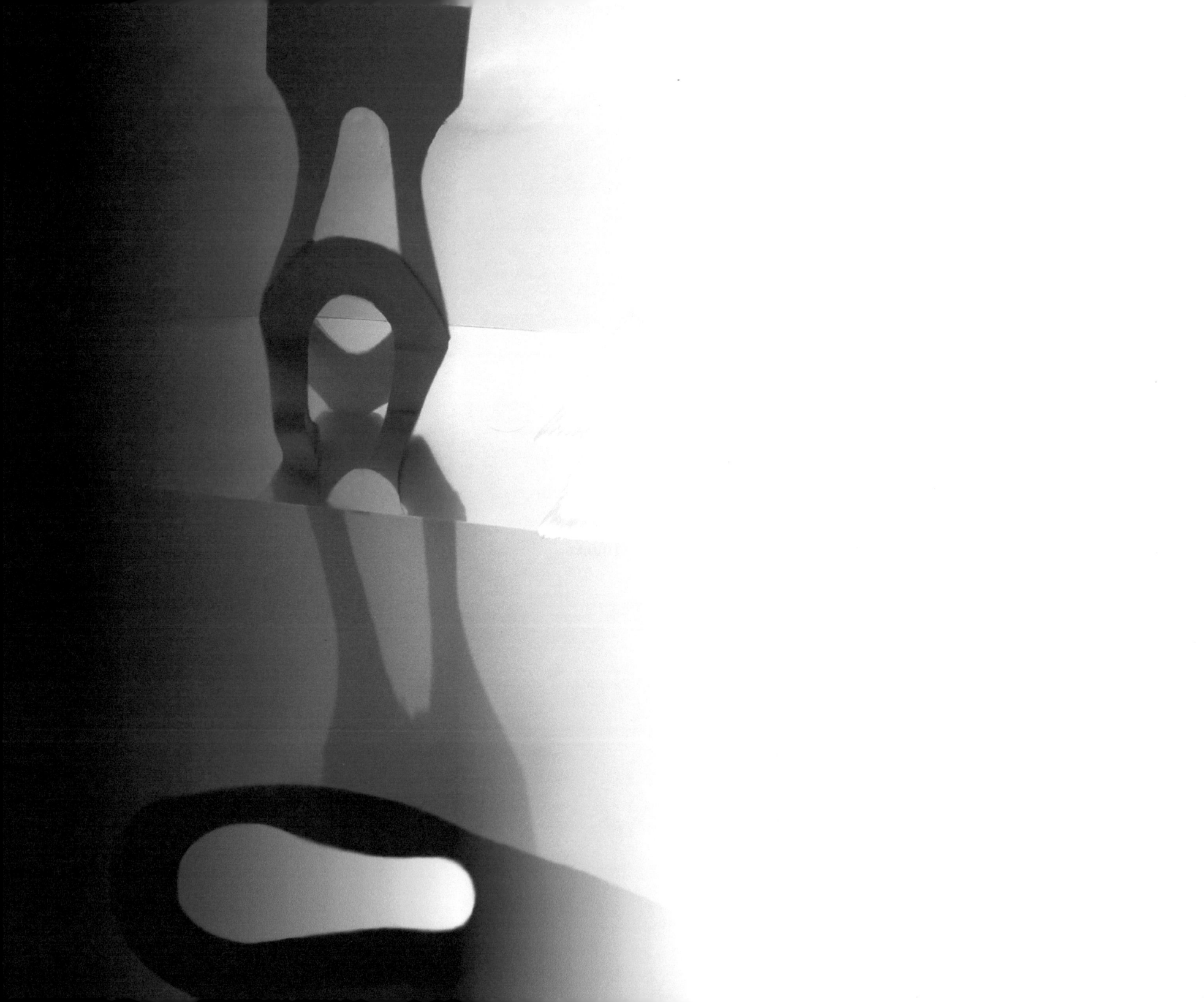

monochrome

L'univers grisé clair s'étirait à perte de vue.
La saillie de quelques blancs aurait jadis réjoui l'œil
averti du peintre d'icône à la recherche du parfait lefkas,
du sculpteur égaré à Carrare, de l'alchimiste composant
l'albédo. Pour autant, qu'importait maintenant l'effort
d'en restituer la liste.
D'ailleurs le blanc n'était-il pas la couleur de l'indécision,
de la reddition et des fantômes ? H'il cherchait pourtant
à en retrouver l'essence, celle qu'appelaient les subtiles
opacités du sous carbonate de plomb, du sel de Saturne
et du sulfate de zinc...

● 6.

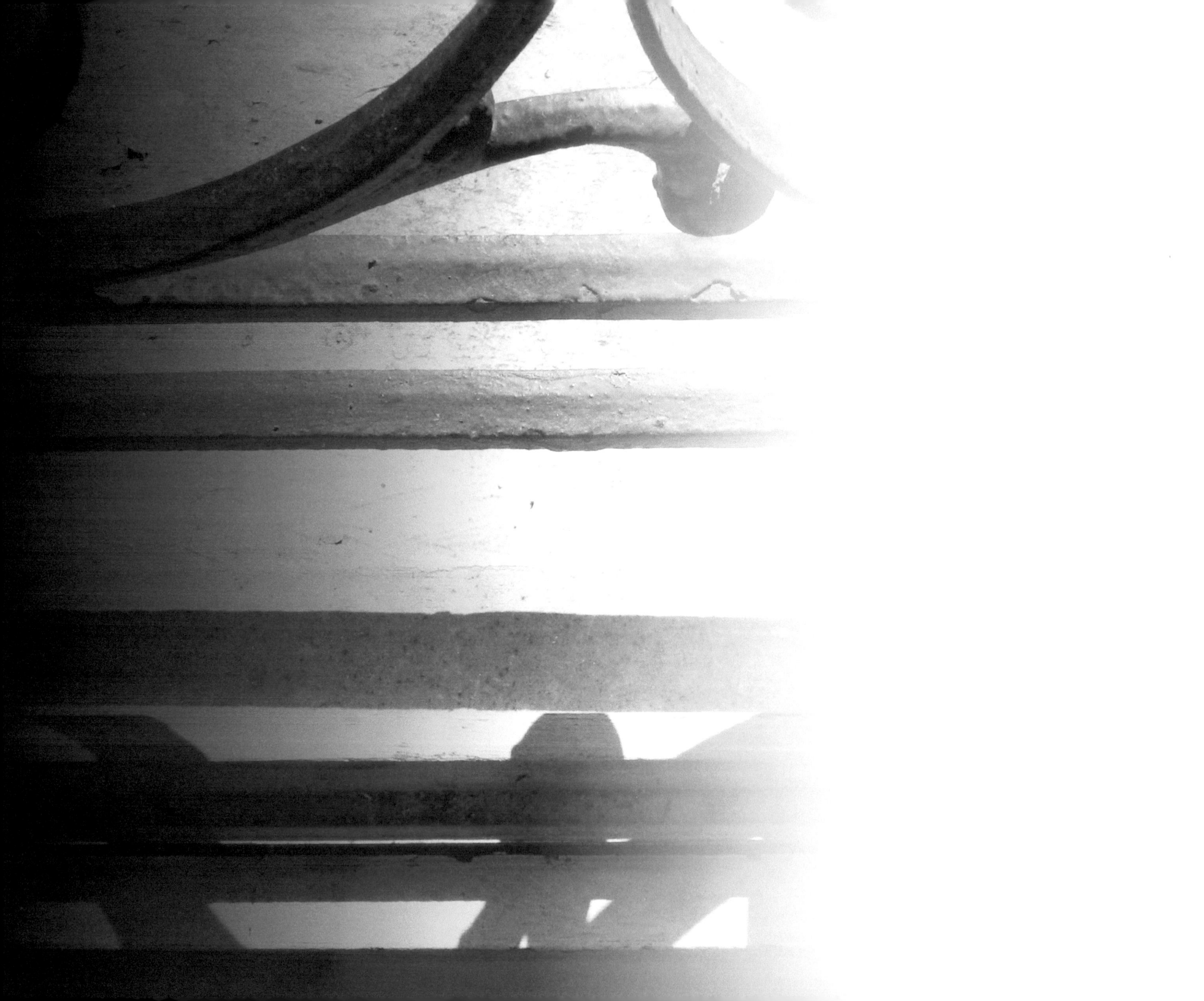

fond

Le train s'est agité à l'aube, en direction du fleuve
des trois frontières. Les bruits mécaniques devinrent familiers.
Les déclivités brutales des talus s'affichaient dans les reflets
de verre et de poussières et s'échouaient en parcelles de cuivre
aux creux des flaques gelées, arrachées à la nuit.
La lumière hivernale décochait ses peuples d'ombre au flanc
des basses montagnes. À l'aube renaissait l'ineffable blanc.
Celui-là même qui avait chassé le bleu, ne se ponctuait plus
de rouge, ne se laissait plus envahir par le vert des dimanches
ordinaires. Au loin s'élevait la fumée d'un cardinal élu.

H'il rêvait à ces mots, des mailles délivrés en tout lieu de tout lien.

• 7.

...

« Quand une molécule de rhodopsine (ou pourpre rétinien) absorbe
un photon (ou grain de lumière) — l'énergie du photon doit être égale
à la différence entre deux niveaux d'énergie de la molécule —
elle se brise en ses composantes rétinal et opsine et ce changement
photochimique déclenche une chaîne d'événements qui résulte en une
impulsion électrique envoyée par le nerf optique au centre visuel
du cerveau. Ce processus fait qu'un seul photon suffit pour que
nous voyions. La vision est essentiellement un processus quantique. »

Trinh Xuan Thuan
Voyage au cœur de la lumière, 2008,
édition française : Découverte Gallimard,
sciences et techniques, 2008.

L'infini de l'un   décompté des autres

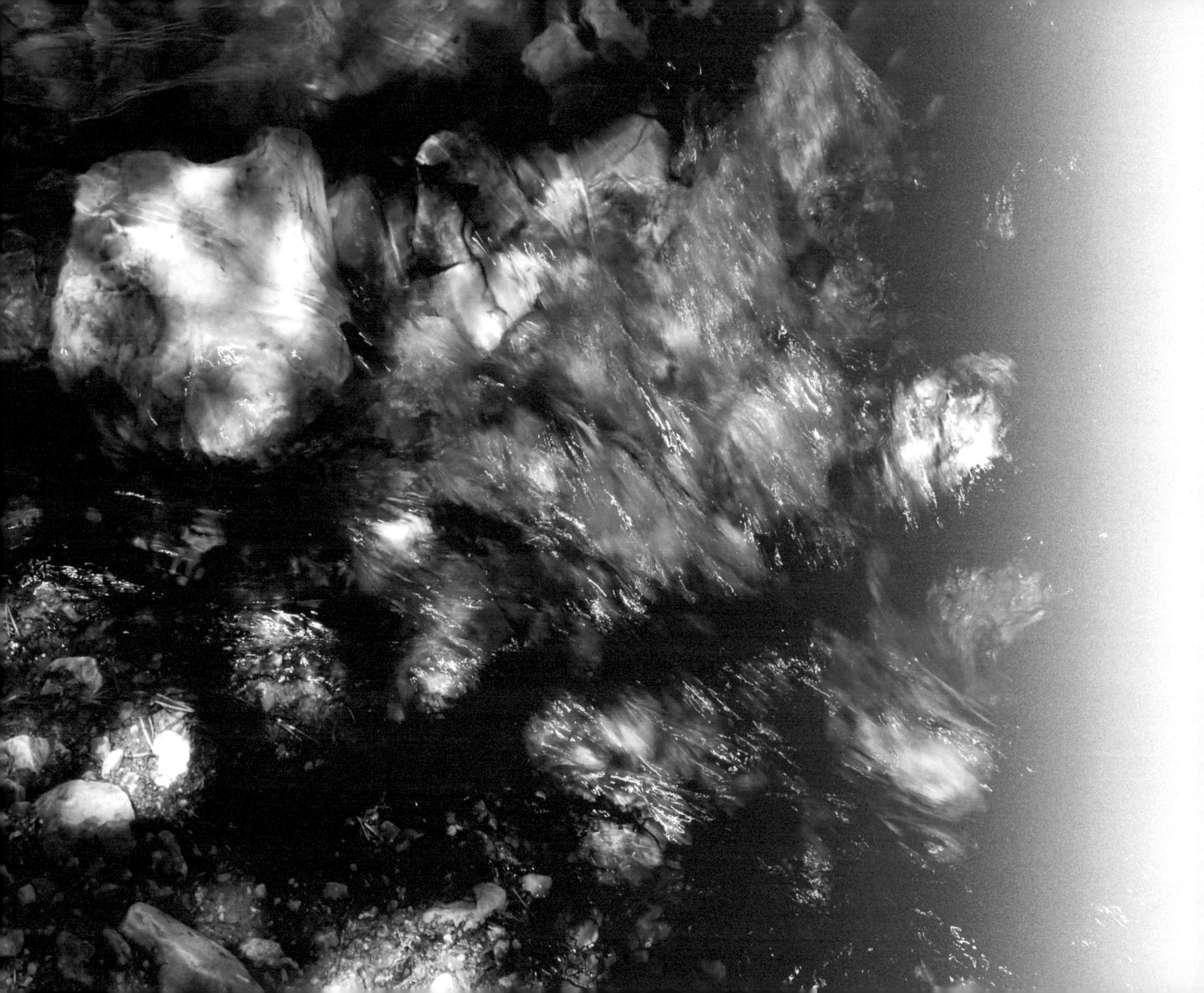

brillant

Le frisson était bon, celui d'un vent brillant qui repousse l'horizon.
H'el l'invita à s'asseoir dans le jardin d'été. Un halo de douceur
enveloppait son corps souple et lent. Il ne dissimulait pas l'étrange
détermination qui accompagnait chacun de ses gestes.
Dehors, au-dessus du torrent, scintillait l'écume de l'eau, en autant
de cercles imparfaits.
Sur le mur de plâtre ciré, l'éclat des miroirs s'était assoupi.
Leur surface ne délivrait plus que des formes en pelure et à jeter
au feu, en fagots ou en bûches.

••• 1.

candidus

Au jeu des fils tendus, tout tient à l'équilibre d'un funambule,
à un mouvement de pendule. H'il lui tendit la liste des 72 noms
des anges et le double d'ailes à défroisser.
H'el sourit, recouvrit la table d'une nappe de lin blanc,
puis y déposa une boule de verre. Après l'événement, elle fut atteinte
des mêmes troubles et savait qu' Harahel ne lui serait d'aucun secours.
Elle avait engagé tous les protocoles nécessaires pour maintenir
l'excitation de ses capteurs. L'expérience avait réussi.

L'étrange affaire les avait réunis.

●●● 2.

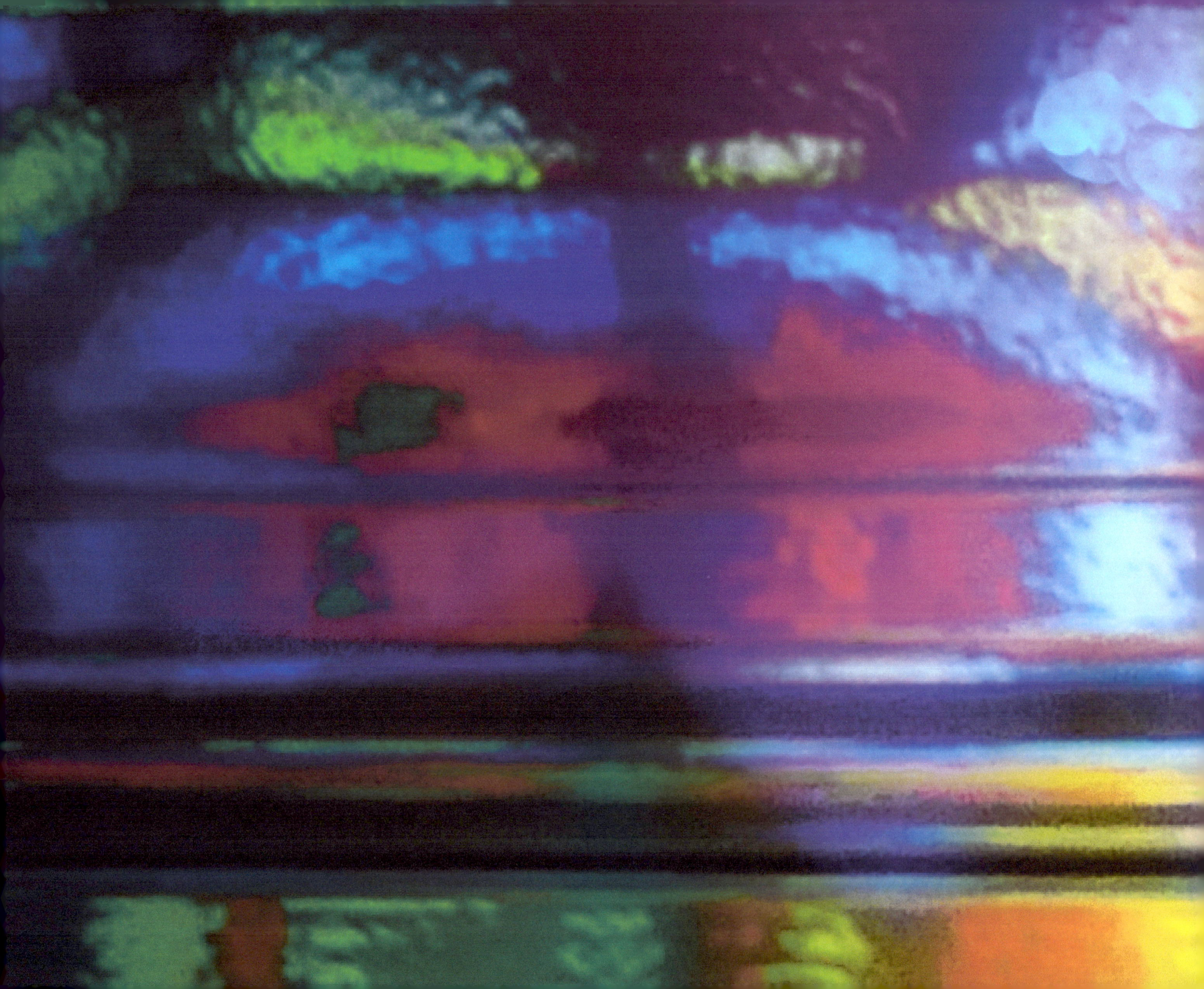

couleur

H'il tournait le dos à la baie vitrée mais, d'un mouvement de tête,
voulut saisir du regard chacun des rectangles de verre, comme
on se penche au-dessus d'un puits grand de quatre pierres.
Des lignes de plomb en parcouraient la surface, contenaient l'étendue
de fragiles pétales, regroupés çà et là en bouquets.
H'el se tenait à l'écart. Projetée sur la table, l'image éblouissante
du vitrail flambait neuf. La forme de ce jour s'était déplacée.
Au travers de la sphère de verre,
la couleur était là, à la page et suivante...

••• 3.

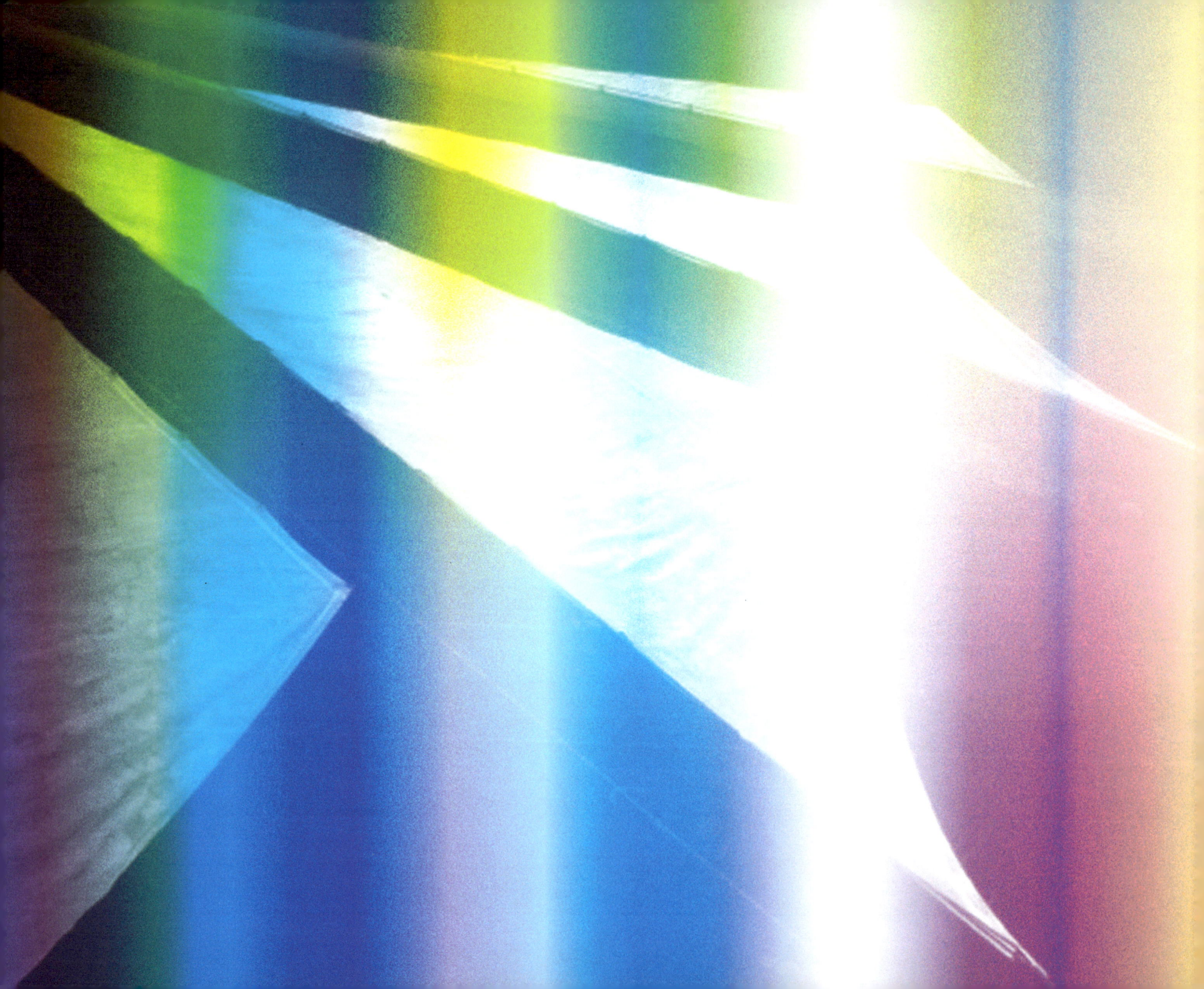

transmission

Pour tout bagage, h'il avait emporté, réunie en un tube,
sa collection de toiles acryliques monochromes.
H'el les déroula une à une mais ne choisit que trois
d'entre elles et les disposa au sol.
Soudain les teintes du vitrail en ravivèrent l'intensité colorée.
Chacune des lumières révélée, n'était « ni tout à fait la même,
ni tout à fait une autre ». L'ordonnance pourtant était respectée.
Les rouges s'ajoutaient au rouge, sur le vert, le vert s'éclairait,
les bleus haussaient le bleu de plusieurs tons.
H'il avait retrouvé la vision de la couleur, et le fond de son oeil,
ses accents d'antan, d'avant l'événement.

••• 4.

écran

Séquence insécable,
figée dans l'attente d'une image sage et sans sujet.
Au travers du vitrail, la lumière s'était soudainement
colorée. H'il voulait s'en ressaisir, les condenser à
la surface des films pourtant impuissants, juste scellés
au format désuet des trois seules couleurs.
H'el voulait, par la photographie, en figer les énergies
vagabondes, celles des pas de danse dispersés.

••• 5.

trichrome

Loin des soleils accroupis, des orients en bataille,
des sons de cloches refondues, des vastes arabesques,
tous ces matins levés lui apprirent à distinguer un peu
de cette beauté à partager. Chacune des lignes de couleur
avait été patiemment extraite des couches de silicium
où elles furent si longtemps abritées.
Trois d'entre elles suffisaient à produire les teintes
d'une longue écharpe de jour.
H'el lui proposa de l'emmener au parc.

Celui-là même dont il avait choisi de se souvenir.

●●● 6.

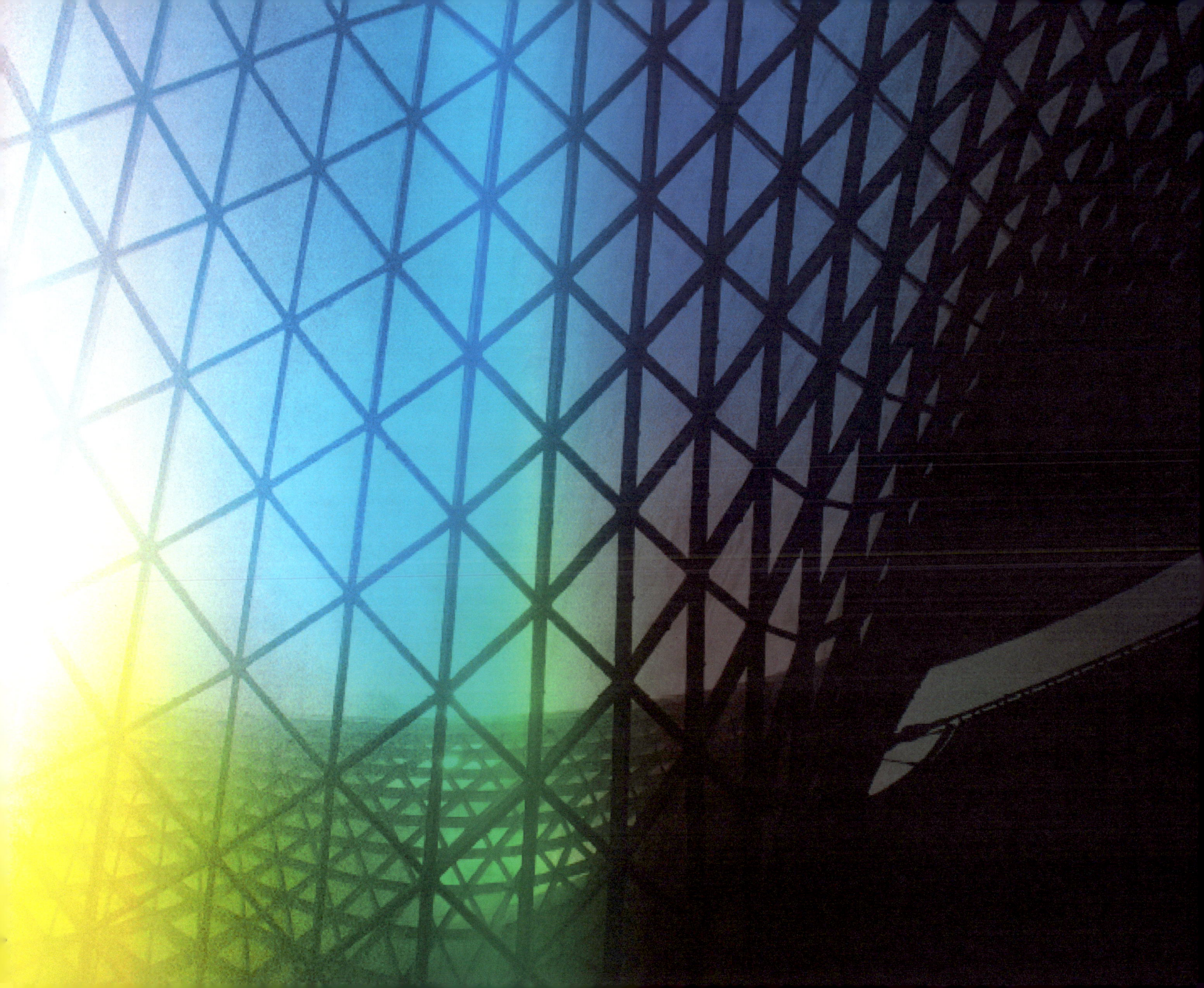

forme

Des taches grises étirées et tremblantes jonchaient
le sol de sable. À l'aplomb des feuillages, comme
autant de flaques d'ombre en négatif, des lettres
nettes et blanches s'y découpaient.
Toute la magie de la photographie s'était invitée
en une kyrielle de sténopés.
Mais ceux d'autrefois, des film noirs et blancs,
sans le vert des feuilles ni le bleu du ciel.

À nouveau, les couleurs s'étaient éclipsées.

••• 7.

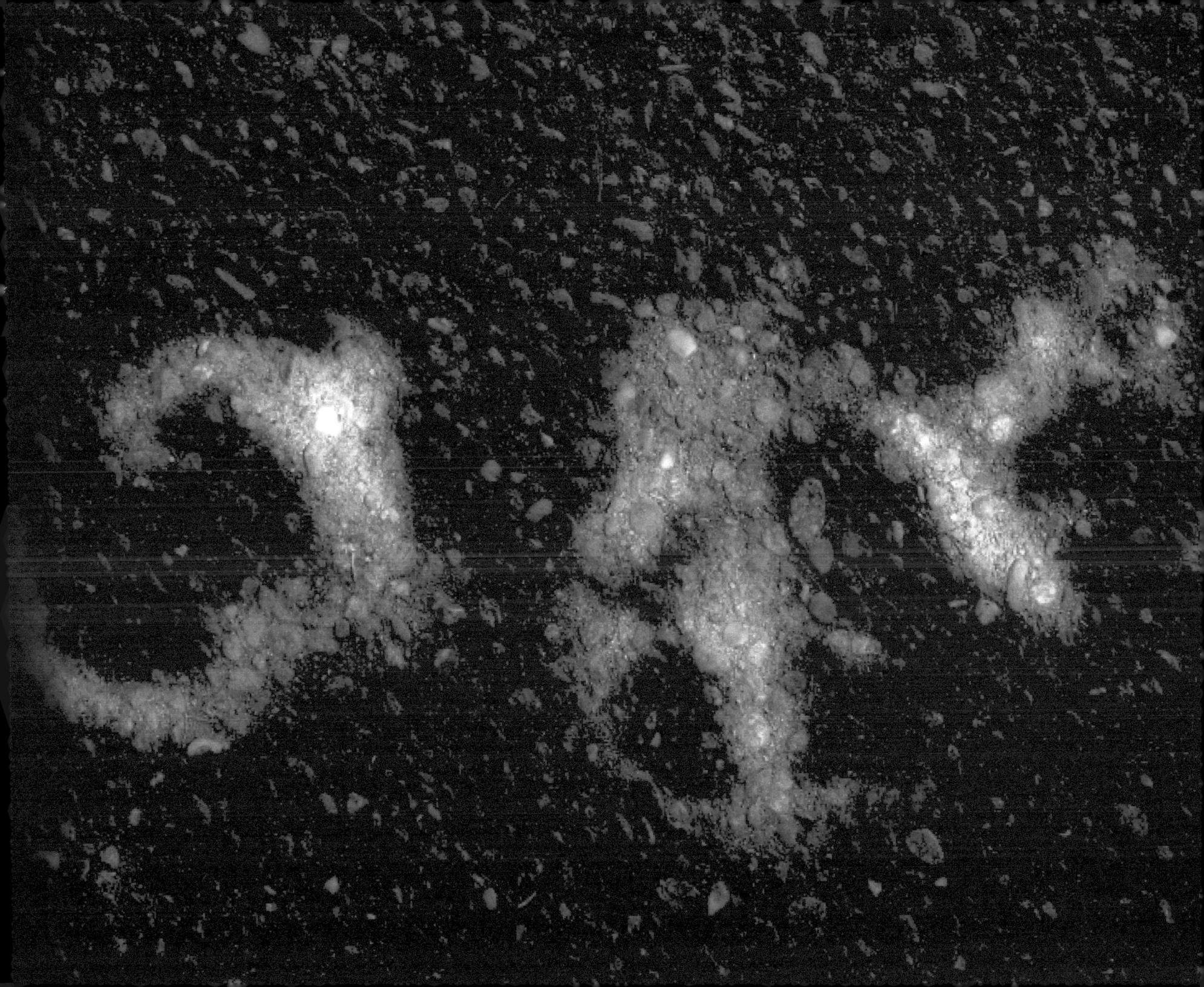

Sous la voûte des paupières   l'axe blanc d'une verticale

.....

« Des éclairs de toutes les couleurs brillèrent devant lui et illuminèrent le brouillard. Les déflagrations se répétaient rapidement l'une après l'autre, et formaient d'étranges dessins géométriques, chromatisme primaire sur la blancheur parfaite qui l'entourait. Les éclairs devinrent de plus en plus lumineux jusqu'à la fusion de toutes les couleurs dans une blancheur aveuglante. »

Juan Miguel Aguillera
Le sommeil de la raison, 2006,
édition française, Au diable vauvert, 2006.

irisé

Un vent léger s'était levé. Sur le chemin du retour,
ils évitèrent plusieurs flaques d'eau, vestiges
des pluies de la veille qui reflétaient le ciel.
L'une d'elles présentait une manière d'encadrement,
composé de teintes nombreuses, chatoyantes et mouvantes.
H'il aurait aimé en puiser les nuances, les retenir
au creux de sa main.
Au premier effleurement, elles s'effacèrent.
Au temps des Lumières, Newton en précisa le nombre.

••••• 1.

lux

La lumière était blanche et la couleur y était bien cachée.
Aussi aimait-elle à la déloger des ailes de papillon
ou autres matières rares, perles et nacres.
Une paillasse carrelée de blanche faïence, faisait office
de bureau. Entre les lamelles de verre, de fines couches
de calcaire et de protéines se superposaient pour former
autant de pièges à lumière.
L'analyse de leurs fines structures signalait l'absence
de toute trace de matière colorante.

Le coquillage n'était vêtu que du seul voile d'Iris.

••••• 2.

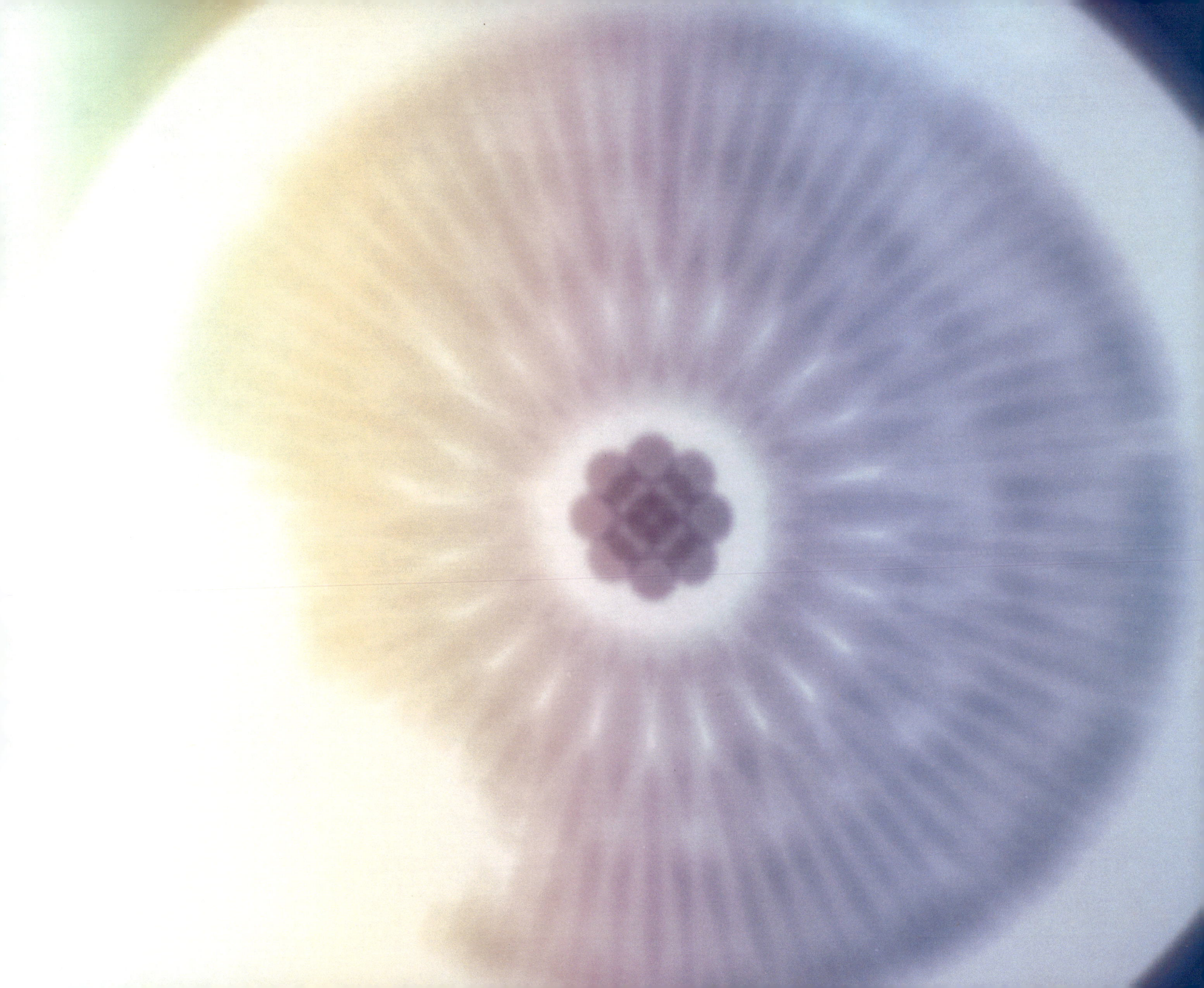

lumière

Dehors, le ciel s'illumina d'un arc soudain.
Au loin, il devait pleuvoir. H'el s'attarda sur la terrasse,
émue par cet éternel recommencé.
Le soleil s'amusait à crier sa lumière et montrer de quel bois
il pouvait se chauffer. L'intensité blanche de ses rayons avait
longtemps convaincu de son insolente pureté.
Mais la preuve était là, en une seule courbe, entachée de couleurs
à foison, qu'il suffisait de récolter et replacer sur une nouvelle
ligne d'horizon.

●●●●● 3.

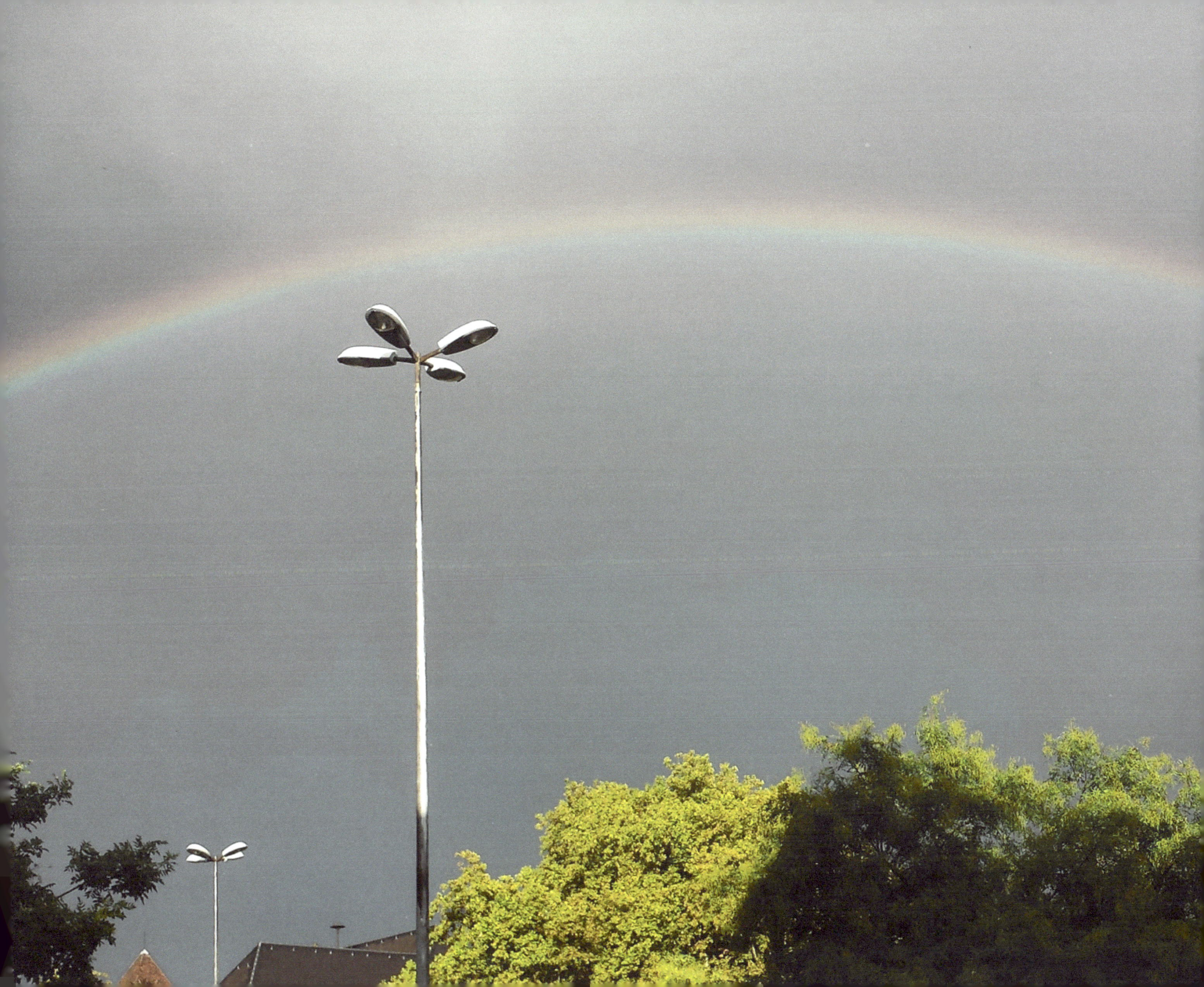

émission

Le jour tombait. H'el tira le rideau devant la grande baie
des vitraux éteints. H'il désirait retenir les blanches
lumières de leur lente et inexorable chute.
Le séjour s'éclaira.
Au centre de la pièce crépitaient nombre de blancs incomplets.
H'il cherchait encore à y discerner les rouges, bleus et verts.
Malgré lui, il pensait en photons, mais la nature de quelques
filaments incandescents, brutalement excités, exigeait de
nouveaux calculs. Leurs cerveaux s'en accommodaient, de même
leurs appareils de prise de vue.

Ce nouveau jour était artificiel.

●●●●● 4.

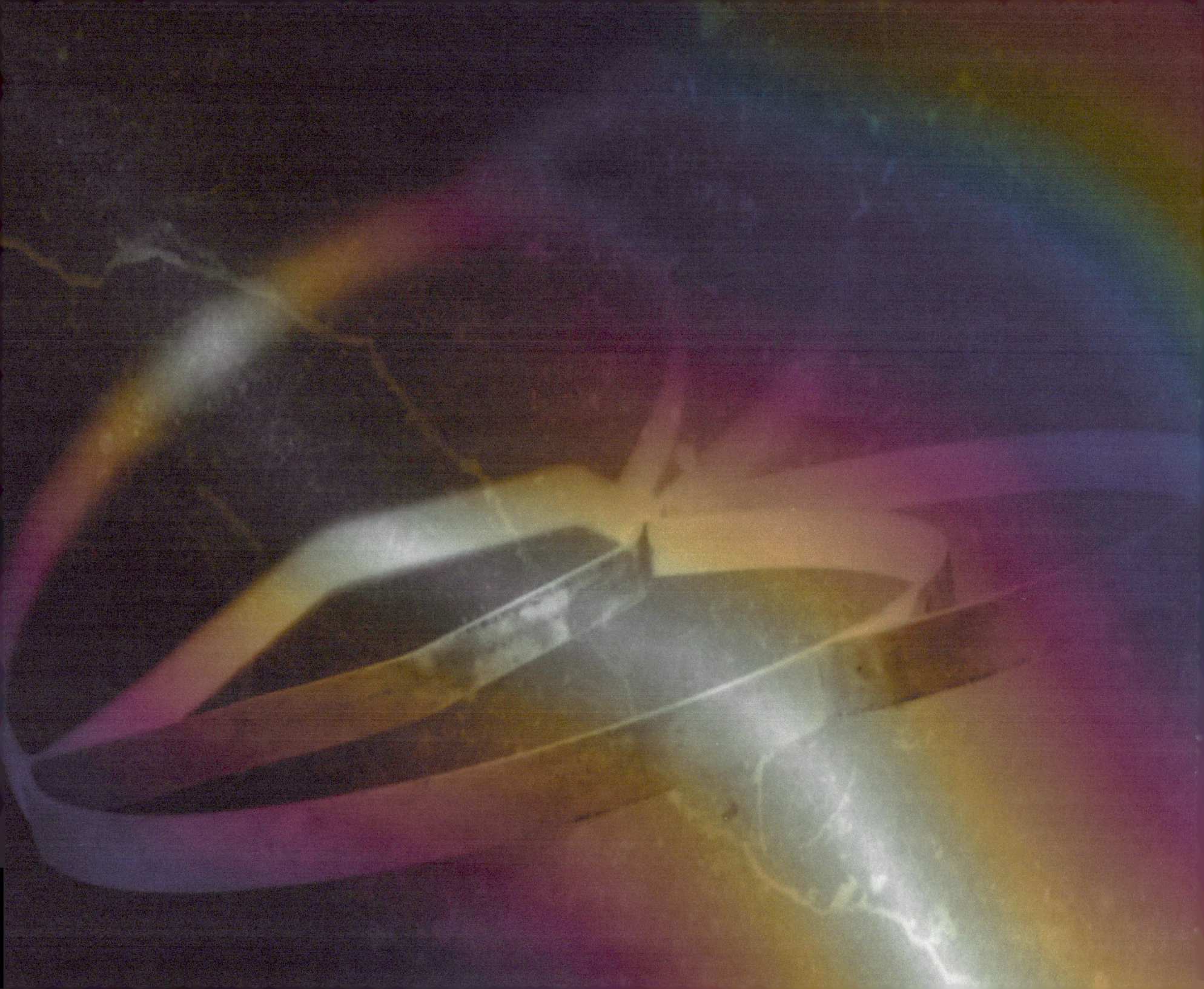

onde

H'il avait écrit:
« Chacun sait qu'il oscille entre l'être et l'autre,
puissance de l'intervalle ».
Dans un angle clignotait une diode rouge.
H'el s'en approcha, et plaça sur la platine un disque
de vinyl noir. Figurait sur la pochette un prisme
qui réfractait des lignes de couleurs. La matière sonore
amplifia la lumière qui baignait le début de la nuit.
La couleur vibrait.
H'il ressentait le plein accord des notes et des restes
d'images qui flottaient encore derrière ses yeux fermés.
H'el avait choisi d'écouter Dark side of the moon.

••••• 5.

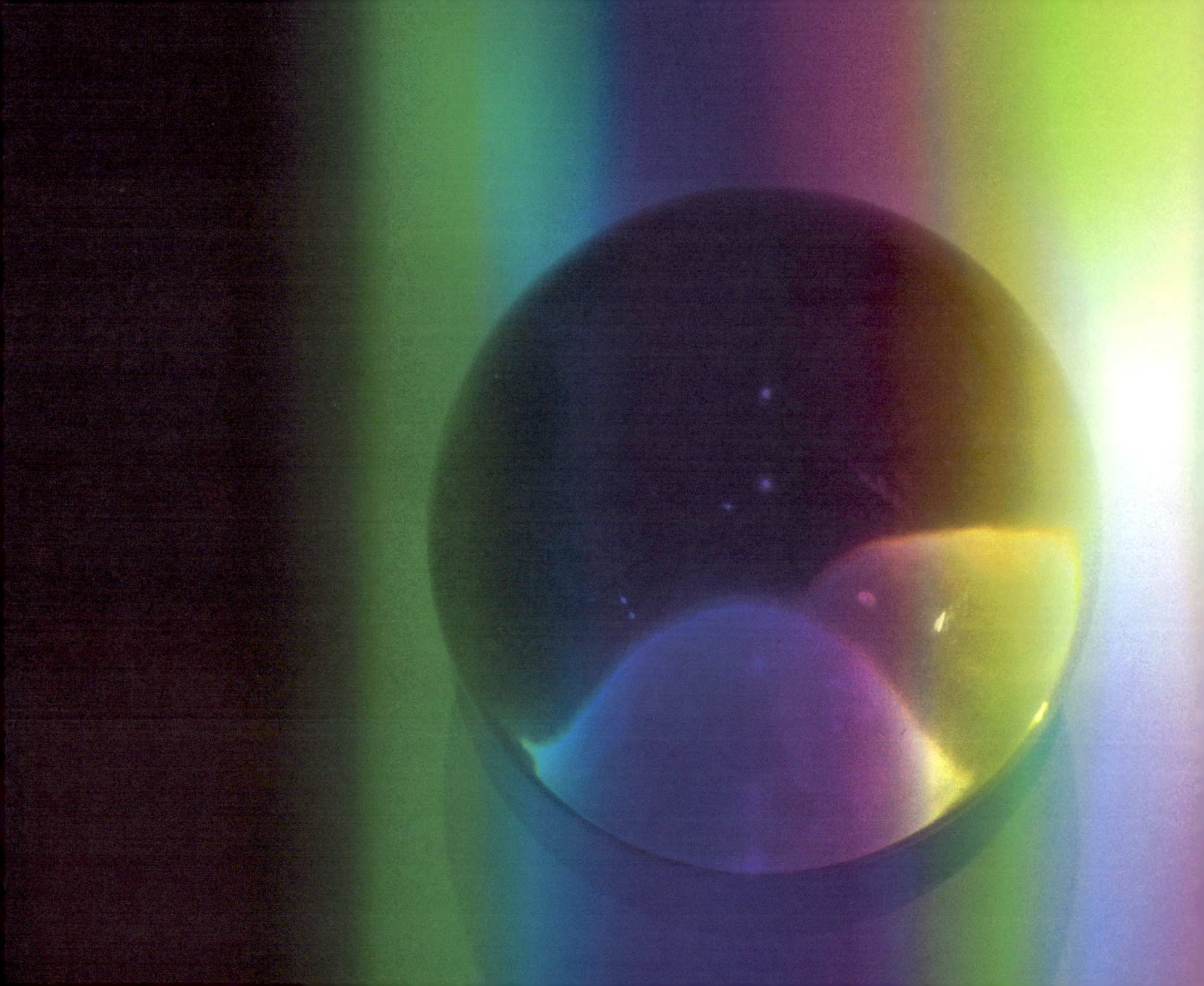

spectral

Au matin, en silence, les brumes s'étaient évanouies
et leurs cortèges de blancs dissipés.
H'il comprit que son regard l'avait longtemps trahi.
La réalité de la nature invisible était pourtant
et tout autant autrement observable.
H'el s'était plongée dans cette complexité, en avait
tracé les courbes, pratiqué la probabilité.
L'énergie de la vibration lumineuse correspond à l'écart
d'énergie entre deux états quantiques d'une même molécule.
Pour n'être que lui-même, et désigné comme tel, le blanc
recelait toutes les couleurs en parfait état d'équilibre.

Le secret fut bien et longtemps gardé.

····· 6.

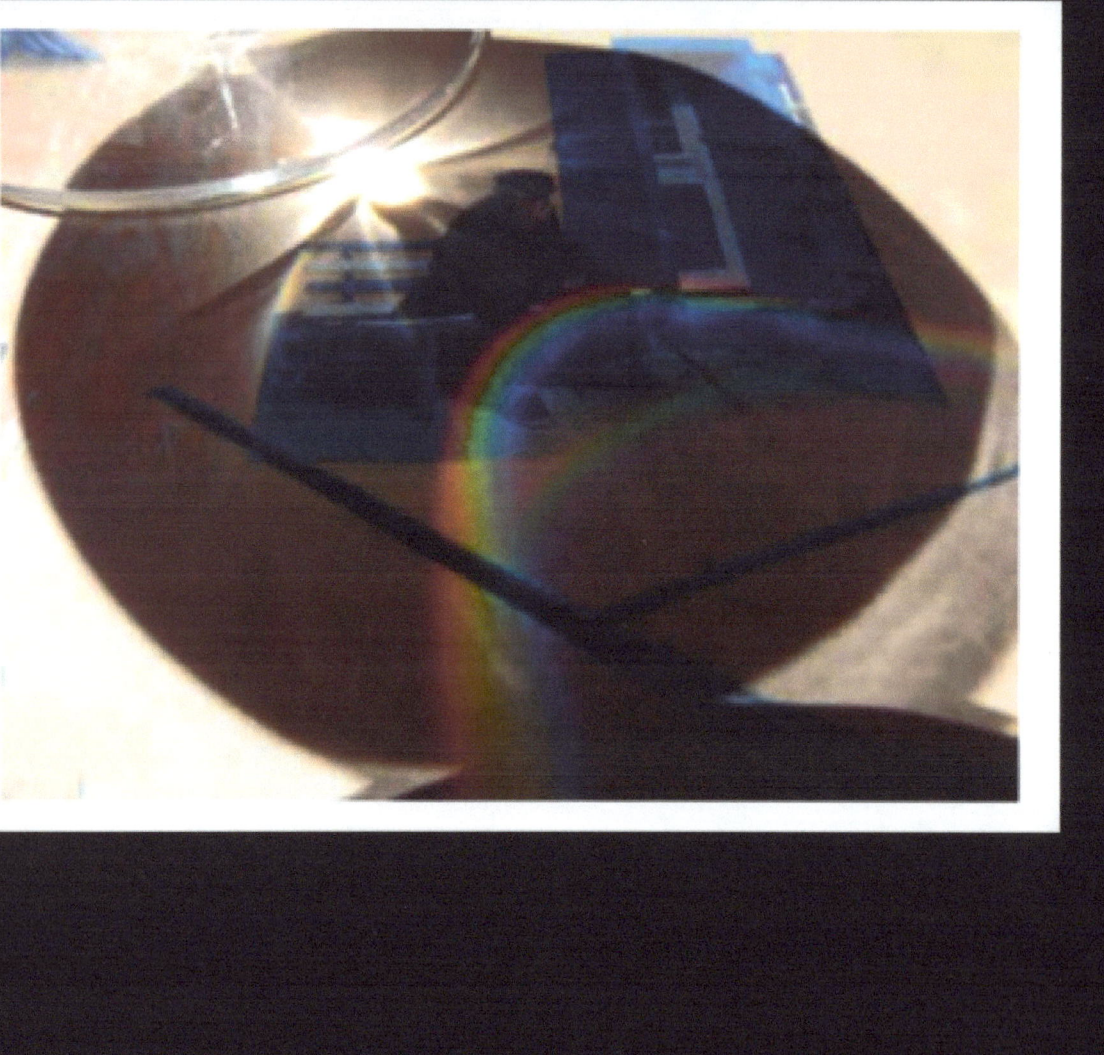

espace

H'il devait rejoindre les falaises et les sillons de sable,
former d'autres gabarits à cambrer les matières.
H'el s'attarderait à collecter des matériaux non-linéaires.
De l'information ondulatoire, patiemment stockée, elle en
ferait ressurgir un flux de nouvelles images, qui redonnerait
naissance à toutes les longueurs d'ondes du spectre visible,
afin que plus jamais les couleurs ne disparaissent.

H'el les filtrerait au travers d'un tamis photonique
à la recherche du super continuum généré par un laser

...blanc.

●●●●● 7.

iconographie

biographie

∂ cm.

Carole Ecoffet et Marc Thébault se sont associés sous
le label ∂cm. pour concevoir, développer et produire
des œuvres visuelles inédites. Leurs travaux visent à
explorer et vivifier de nouveaux modes d'interaction
entre culture scientifique, technologies innovantes et
exigence du projet artistique.

Carole Ecoffet

Née à Belfort en 1967.

Physico-chimiste, chargée de recherche,
IS2M - CNRS LRC7228

Carole Ecoffet étudie les interactions entre la
lumière et la matière et le développement de méthodes
de fabrication pour les micro et nanotechnologies.
Parallèlement à son travail de recherche,
elle organise et participe à des débats sur les
relations sciences et société et propose au travers
de ses conférences, une approche épistémologique de
la science et ses implications dans les expressions
artistiques contemporaines.

Marc Thébault

Ne a Saint-Brieuc en 1957.

Artiste et professeur des Énsa,
enseigne à l'École nationale supérieure
des Arts Décoratifs de Paris.

La pratique artistique de Marc Thébault s'est
construite en référence aux espaces qu'offrent le
littoral de sa région natale. Son désir de vouloir
traduire en un objet la puissance expressive d'un
paysage, s'exprime notamment dans l'attention portée
aux relations entre ombre et lumière, transparence
et reflets, matière et matériaux.

Couverture   Mulhouse, décembre 2011,

              calcul d'interférences - C.E.

Edition   The Onslaught Press,

              19A Corso Street,

              Dundee, DD2 1DR, UK

              Imprimé et relié par Lightning Source on demand service